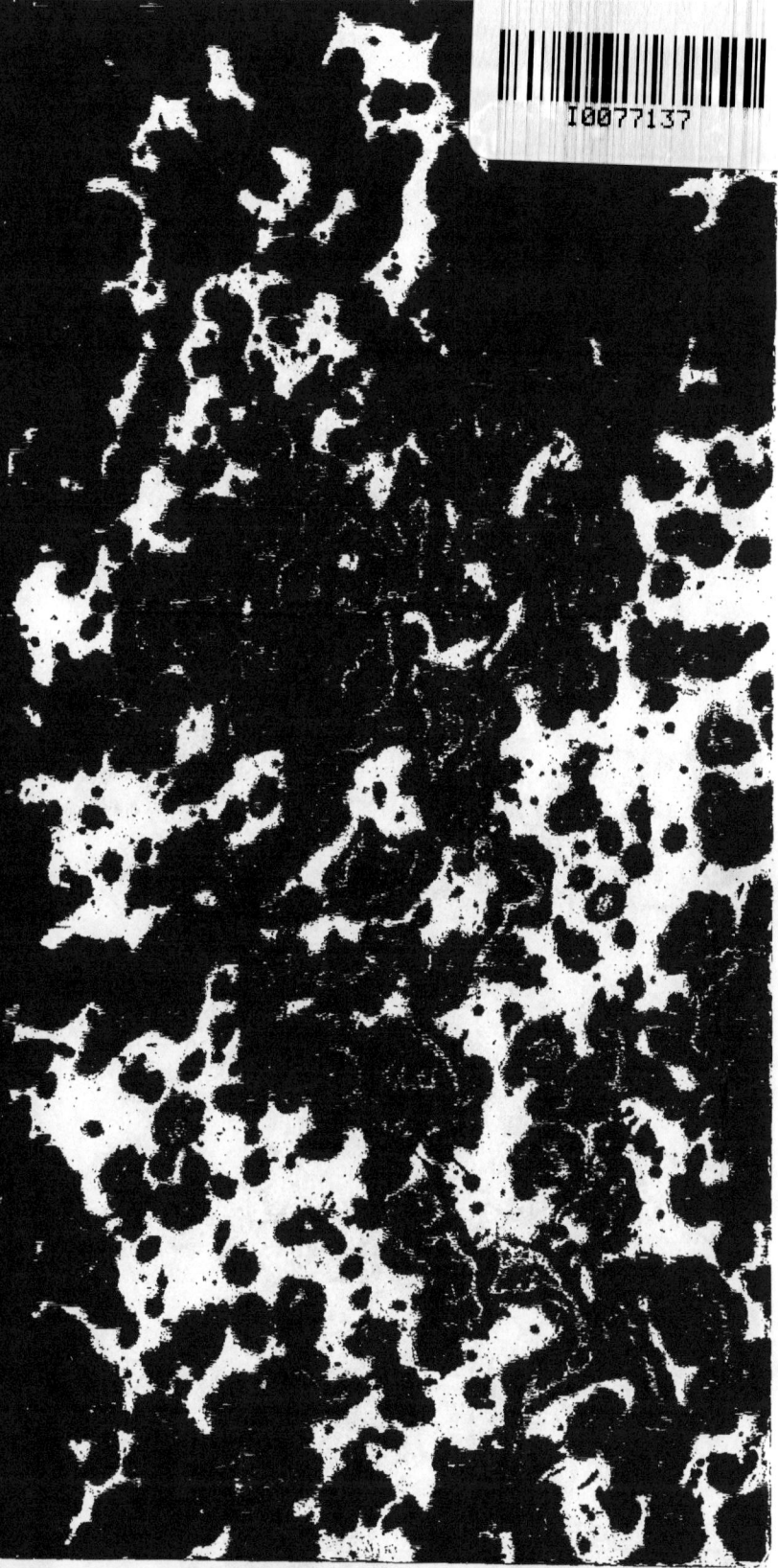

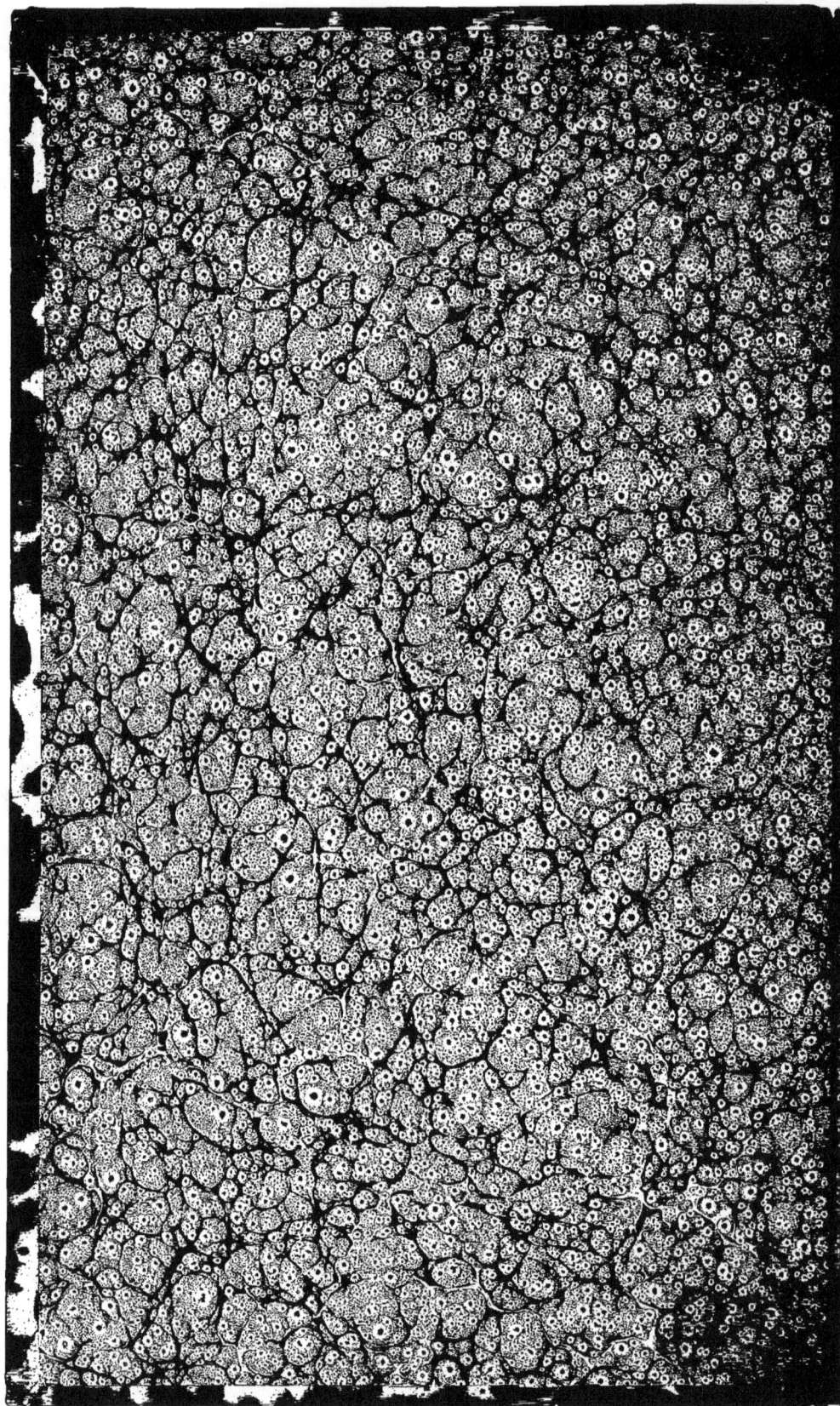

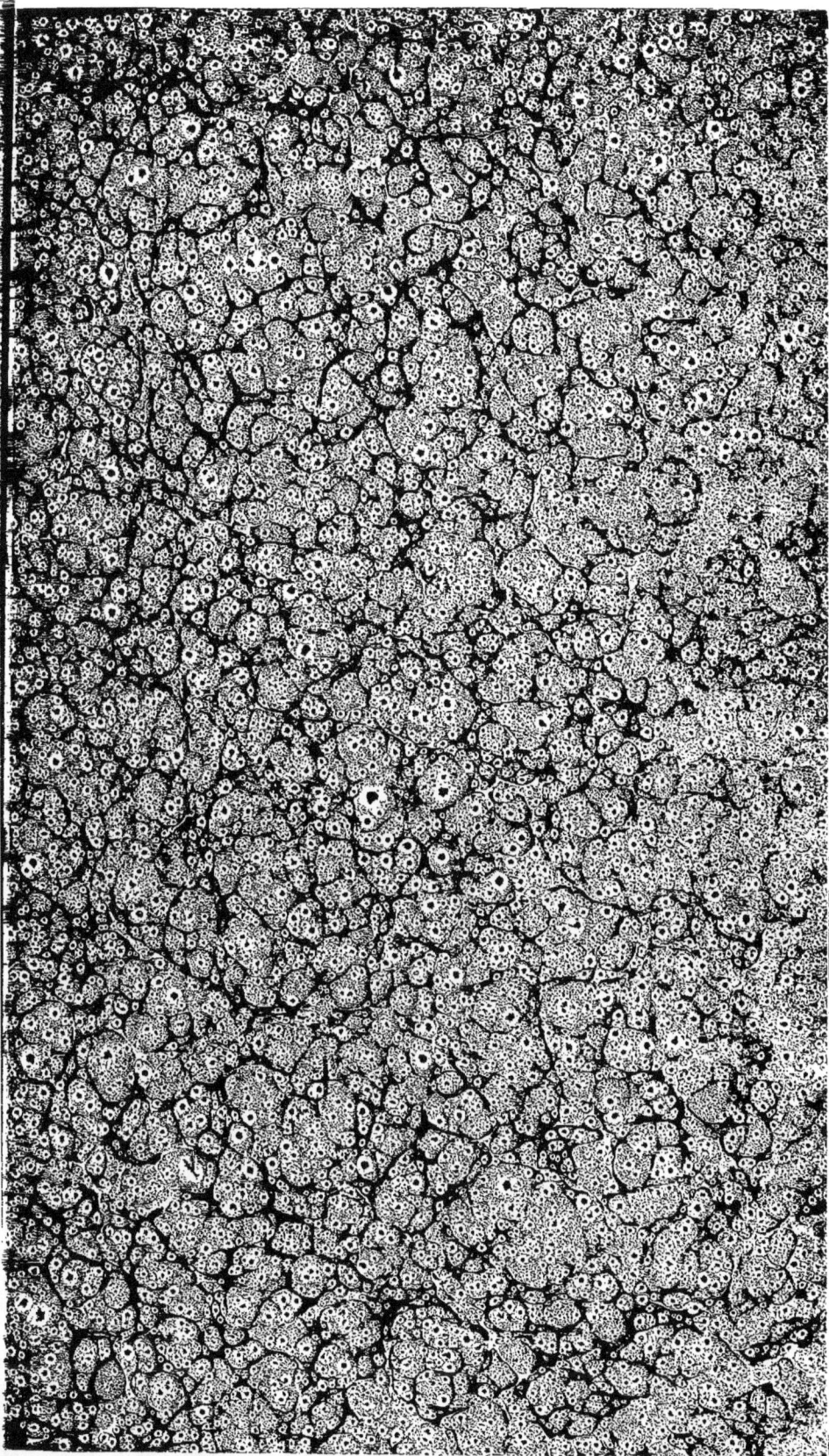

32824

ROULEAU COMPRESSEUR PORTATIF

ET

NOUVEAU SYSTÈME

DE

TABLEAUX, POTEAUX

Indicateurs des distances kilométriques,

BARRIÈRES, ÉCHELLES, BORNES, &c.,

DE LA FONDERIE

DE H. BOUILLIANT & CIE,

BREVETÉS,

sans garantie du gouvernement,

Rue Ménilmontant, N° 50, à Paris.

PARIS,

IMPRIMERIE ADMINISTRATIVE DE PAUL DUPONT,

Rue de Grenelle-Saint-Honoré, 55.

—

1849

3221

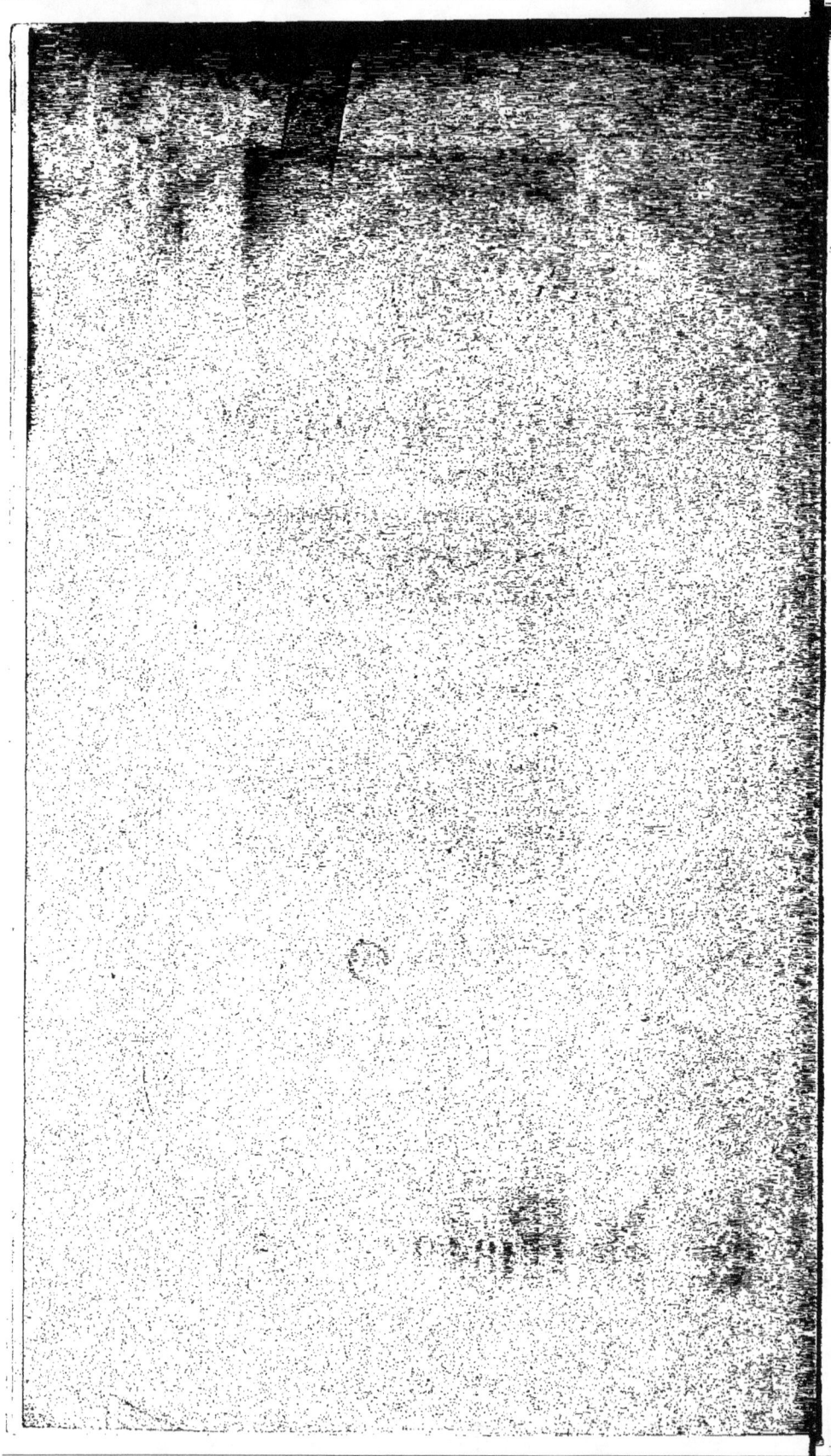

FONDERIE DE MM. BOUILLIANT ET Cⁱᵉ,

(Brevetés sans garantie du Gouvernement),

Rue Ménilmontant, n° 50, à Paris.

APERÇU

DES OBJETS CONFECTIONNÉS

DANS

LA FONDERIE DE MM. H. BOUILLIANT ET Cⁱᵉ,

POUR

Les Routes et les Chemins vicinaux, — La Navigation,

L'Administration des Forêts,

Le Génie militaire, — Les Administrations municipales et le Commerce.

PLANCHE Iʳᵉ.

ROULEAU COMPRESSEUR.

(Travaux des routes.)

Rapport fait par M. Baude, au nom du Comité des arts mécaniques, sur le rouleau compresseur de MM. Regnault et Bouilliant (1).

Les méthodes de construction et d'entretien des chaussées en empierrement sont aujourd'hui très-perfectionnées en France, et l'outillage employé à ces travaux a dû faire les mêmes progrès. Parmi les engins qui composent d'ordinaire le matériel d'un ingénieur d'arrondissement, il est rare de ne pas trouver un rouleau compresseur, destiné à tasser le caillou nouvellement posé, soit dans une forme neuve, soit sur une chaussée ancienne, en rechargement de grosses réparations.

Lorsqu'une route nouvelle était livrée jadis à la circulation, on laissait au roulage le soin de la rendre viable. Le travail de pose du caillou, qui s'opérait péniblement sous les ornières multipliées qui sillonnaient la route, ne s'obtenait d'ailleurs qu'en brisant une

_____

(1) Extrait des *Annales des chemins vicinaux.*

1849

partie des matériaux. Il en résultait un détritus en excès qui rendait les chaussées molles en hiver et mobiles en été. Ces inconvénients graves disparaissent par le cylindrage, c'est-à-dire au moyen du passage répété d'un cylindre en fonte qui tasse les matériaux, et ne leur donne que le détritus nécessaire pour les bien lier entre eux.

Un inspecteur divisionnaire qui a laissé dans le corps des ponts et chaussées les plus honorables souvenirs, M. Polonceau, a publié, en 1829, un mémoire sur les bons effets d'un rouleau compresseur employé sur les routes du département de Seine-et-Oise. Le rouleau de M. Polonceau était formé extérieurement de douves en bois ; on le chargeait à l'intérieur, et le brancard d'attelage passait par dessus le cercle du rouleau pour éviter de faire pivoter ce dernier. La plupart des rouleaux sont établis, aujourd'hui, en fonte.

En choisissant un exemple dans les nombreux résultats d'expériences publiés par différents ingénieurs, nous admettrons que le cylindrage d'une chaussée de 5 mètres de largeur fortement rechargée revient à 60 centimes le mètre courant ou à 18,000 francs pour une longueur de 30,000 mètres, parcours journalier moyen d'un cheval de trait. Or, toute chaussée rechargée exigera au moins pendant trois mois, même avec le secours des cantonniers, un travail extraordinaire du roulage, avant de revenir à des conditions normales d'entretien ; il faudra compter, en moyenne, un tiers en chevaux de renfort. Pour un parcours journalier de 300 colliers, le roulage aurait à supporter en supplément les frais de 100 chevaux, soit 900 francs par jour, et pour 90 jours 81,000 francs, ce qui constitue, dans cette circonstance, une économie de 78 pour 100.

Les rouleaux, tels qu'ils ont été construits jusqu'à présent, sont d'un transport très-difficile d'un lieu de dépôt au lieu de l'emploi. Si l'on passe par de mauvais chemins, ils peuvent se renverser; si on les roule sur des chaussées pavées, ils peuvent se briser: dans tous les cas, et c'est là l'inconvénient capital, ils donnent lieu à un effort de traction considérable, et en pure perte, lorsqu'il ne s'agit que d'un transport.

MM. Regnault et Bouilliant ont remédié à ce défaut d'une manière simple mais efficace; sans compliquer le mécanisme du rouleau, ils font porter celui-ci sur un train à quatre roues, qui est ensuite utilisé pour charger le cylindre dès qu'il est en fonction. A cet effet, les extrémités de l'axe du rouleau sont commandées par deux crics qui s'élèvent ou s'abaissent entre deux guides fortement assemblés sur les longrines du chariot; en quelques tours de manivelle le rouleau est enlevé, et les roues du train d'avant et d'arrière roulent sur la route comme un véhicule ordinaire, ou bien le rouleau porte sur la chaussée, et il se trouve chargé de tout le poids de l'appareil qui servait à le soutenir. Les deux caisses qui accompagnent le rouleau peuvent contenir 1 mètre cube environ de terre ou de cailloux, afin d'en augmenter le poids.

Le cylindre compresseur de MM. Regnault et Bouilliant a 1m 80 de diamètre et 1m 30 de largeur (1); il pèse près de 4,000 kilogr. et 5,500 kilogr. avec le chariot. Le prix, dans ces dimensions, varie de 3,000 à 3,200 francs. En général, on porte le poids des rouleaux, dans l'emploi, à 9,000 kilogr., et ce chiffre est facilement atteint en remplissant les caisses avec les matériaux qu'on a sous la main.

L'idée d'employer les rouleaux au parachèvement et même à l'entretien des chaussées est moins moderne que ne semble l'indiquer la date des expériences que nous avons citées au commencement de ce rapport. En 1787, M. de Cessart, inspecteur général, présenta à l'assemblée des ponts et chaussées un projet de rouleau en fonte pour comprimer les chaussées d'empierrement. Ce rouleau avait 8 pieds de largeur, 36 pouces de diamètre, 24 lignes d'épaisseur, et il pesait 7 milliers. La dépense de construction avait été de 5,454 livres 12 sols 6 deniers. M. de Cessart évaluait alors le cylindrage de la toise courante à 2 sols pour une chaussée de 15 pieds de largeur.

Aujourd'hui on emploie des rouleaux à grands diamètres, parce que le tirage est bien moins considérable; le cylindre rabat alors beaucoup plus facilement l'espèce de bourrelet qui se forme en avant sur la chaussée, et c'est avec raison que MM. Regnault et Bouilliant ont donné 1m80 à 2 mètres de diamètre aux rouleaux qu'ils ont déjà livrés pour le service des ponts et chaussées.

Votre comité des arts mécaniques, après avoir examiné avec attention un rouleau de MM. Regnault et Bouilliant, qui a fonctionné aux Champs-Elysées avant de partir pour sa destination dans le département d'Indre-et-Loire, vous propose d'adresser des remercîments à ces constructeurs, et de faire insérer dans le

---

(1) Ces dimensions peuvent cependant être changées, car déjà plusieurs rouleaux ont été construits avec les dimensions suivantes : on a réduit la largeur du rouleau à 1 mètre, et on a donné 2 mètres au diamètre.

Bulletin de la Société le présent rapport avec le dessin qui l'accompagne.

Approuvé en séance, le 6 décembre 1848.

Description du rouleau compresseur.

La *Figure* 1 (Pl. 1) représente le rouleau de MM. Regnault et Bouilliant vu en élévation et voyageant.

La *Fig.* 2 représente ledit rouleau fonctionnant.

La *Fig.* 3, le même, vu en plan.

La *Fig.* 4, le cylindre vu en coupe.

PLANCHE II.

BARRIÈRES A COLONNES PIVOTANTES.

Les *Figures* 1, 2 et 5 représentent des barrières à colonnes pivotantes ; elles sont en fonte, et se composent de deux pièces principales : l'enveloppe, qui tourne sur son pivot, à laquelle on peut donner telle forme et telle dimension qu'on voudra, et dont la surface cylindrique peut être unie ou à cannelures, suivant les commandes, 2° le pivot, sur lequel tourne l'enveloppe, lequel doit être solidement scellé dans un massif de maçonnerie hourdi en plâtre, et planté avec soin de manière à ce qu'il reste invariablement fixé dans la direction verticale, condition indispensable pour la facilité du mouvement de rotation de la barrière. Les lisses sont en bois.

La *Fig.* 3 représente une barrière à colonnes pivotantes de petite dimension, avec lisses et barreaux en fer (même système que le précédent.)

La *Fig.* 9 représente une autre barrière de plus grande dimension que la précédente, avec lisses et barreaux en bois.

La *Fig.* 6 est un banc tel qu'on en voit sur nos promenades publiques ; les consoles, dont on voit l'élévation (*fig.* 7), sont en fonte. Un cadre, aussi en fonte (*fig.* 8), s'adapte sur ces consoles au moyen de boulons, et sur le cadre on fixe le siége en bois, au moyen de vis à bois. Ce banc, d'une forme des plus élégantes, est aussi des plus solides, et remédie aux inconvénients que présentent ceux qui sont posés sur des consoles en pierre. L'expérience a prouvé, en effet, que le scellement qui fixe le siége sur les consoles en pierre ne résiste pas longtemps aux moindres efforts de la malveillance, ni aux influences atmosphériques (1).

Les *Fig.* 9, 10 et 11 sont des jalons ou voyants pour le service des cantonniers. Les tiges sont en fer et les voyants sont en métal fondu.

Les *Fig.* 12, 13, 14 et 15 sont des plaques en métal fusible, avec lettres en relief, et capables de recevoir toutes les formes et les dimensions désirables.

PLANCHE III.

POTEAUX ET TABLEAUX INDICATEURS DES CHEMINS, ET BORNES KILOMÉTRIQUES (2).

Quelques départements ayant déjà fait placer des poteaux indicateurs et des bornes kilométriques sur les routes et chemins, et la circulation, qui devient chaque jour plus active dans les campagnes, faisant apprécier de plus en plus les avantages qu'offrent ces indications pour signaler aux voyageurs la direction et la longueur des chemins, nous faisons connaître, dans les Annales, les formes les plus généralement usitées, en exprimant le vœu que l'uniformité qu'on doit désirer dans ces ouvrages accessoires soit obtenue par des couleurs conventionnelles, suivant l'idée émise dans l'article de M. Dumas (3).

Poteaux indicateurs. — Ces poteaux sont placés aux intersections des voies de terre, lorsque les points de ces intersections se trouvent en dehors des lieux habités.

Ils sont construits en fonte, en pierre ou en charpente, suivant les localités, en conciliant, autant que possible, les conditions de durée avec l'économie dans la dépense de construction et d'entretien.

Tableaux indicateurs. — Ces tableaux, faits en fonte avec lettres en relief, sont placés sur les murs des maisons, à l'entrée ou à la sortie des traverses des villes, bourgs et villages.

La planche 3 (*fig.* 1, 4 et 5) fait connaître les formes adoptées par le conseil général des ponts et chaussées pour les routes na-

---

(1) MM. les ingénieurs chargés du service municipal de la ville de Paris ont adopté ce modèle pour les promenades les plus élégantes. Ils en ont fait placer sur le boulevart des Italiens.

(2) Ce qui suit est extrait d'une note de M. Jules Cambacérès, insérée dans les *Annales des chemins vicinaux.*

(3) Cet article est reproduit ci-après.

tionales et départementales, qu'on peut appliquer aux chemins de grande communication.

Les poteaux en fonte (*fig.* 1 et 5) sont composés de deux parties : une colonne creuse et une pièce qu'on adapte au-dessus, portant les branches qui indiquent pour chaque route les distances du poteau aux lieux habités les plus voisins ou les plus importants.

Cette pièce, qu'on coule séparément de la colonne, est composée d'un disque cylindrique et de deux parties planes, faisant entre elles le même angle que celui de l'intersection des deux routes. C'est à cette partie qu'on fixe ensuite, par des boulons, les deux branches du poteau.

Le disque s'adapte sur la colonne dont il forme la partie supérieure du chapiteau, au moyen de deux boulons qui le traversent, scellés par un bout dans l'épaisseur du renflement formé par le chapiteau, et portant à l'autre des écrous qu'on serre sur la face supérieure de ce disque.

Le scellement du poteau dans le sol se fait sans aucune dépense; quand ce sol est un peu solide, il suffit de faire creuser un trou par les cantonniers, et de combler le vide laissé par le poteau mis en place avec des matériaux cassés, ou du gravier provenant des approvisionnements de la route et fortement pilonnés. Si le terrain n'offrait pas assez de consistance, on introduirait par l'ouverture inférieure du poteau un morceau de bois de chêne noirci au feu, pour augmenter la partie du scellement de 0^m 50 environ de longueur. C'est ainsi qu'ont été établis les poteaux placés sur les chemins de grande communication du département de l'Aisne.

Ces poteaux indicateurs font connaître le nom du lieu, celui du département, et les distances qui séparent ce lieu de la ville principale qui le précède et de la ville qui le suit.

Ces indications, lorsqu'elles sont peintes sur un fond uni, en tôle, zinc, bois, plâtre, etc., résistent peu à l'air; elles sont bientôt illisibles. On a reconnu qu'il était préférable d'y substituer des lettres en relief, qu'on obtient facilement par le coulage, lorsqu'on emploie le zinc ou la fonte. Outre l'avantage d'être plus visibles, ces lettres peuvent être peintes de nouveau par la main la moins habile, celle d'un cantonnier, par exemple, qui n'a qu'à suivre les contours du relief. On évite par ce moyen d'avoir recours à un homme du métier, qui coûterait cher, vu son prix de journée et les distances qui séparent les objets qu'il faut repeindre.

Lorsqu'on emploie des poteaux indicateurs en bois, on peut fixer sur la tête et les branches des plaques de zinc ou de fonte portant des lettres en relief.

Si l'on se sert de poteaux en fonte, en adoptant les lettres en relief coulées sur les bras, il est préférable, pour ces inscriptions, sur les têtes, qui indiquent la désignation de la route, de faire usage de plaques métalliques rapportées, afin de n'avoir à faire au poteau d'autres changements que celui de cette inscription mobile, si la route passe plus tard dans un autre ordre ou dans une autre classe (1).

L'établissement des lignes de fer auxquelles, dans un grand nombre de départements, les routes et les chemins principaux seront subordonnés, et les relations nouvelles créées par les chemins de grande communication, indépendamment de ces lignes, apporteront dans la classification de nos voies de terre des modifications assez nombreuses, pour qu'il y ait lieu d'en tenir compte d'avance, en établissant des poteaux indicateurs.

Quant aux tableaux avec lettres en relief, leur prix n'est pas assez élevé pour avoir égard aux changements que leurs indications pourraient subir un jour, pour la désignation de la voie. Dans tous les cas, la classe et le numéro de la route n'étant pas très-nécessaires à connaître, on pourrait les supprimer dans ces tableaux, pour n'avoir, dans l'avenir, à y faire aucun changement, surtout si l'on adopte des couleurs de différentes espèces, pour indiquer les divers ordres de voies, soit pour les poteaux, soit pour les tableaux. Mais, pour que le but qu'on a en vue de faire connaître par ce moyen, l'importance de la voie, fût facilement atteint, nous pensons qu'il faudrait se borner à trois couleurs. Ainsi, par exemple, le rouge pourrait être affecté aux routes nationales ; le jaune, aux routes départementales et stratégiques ; et le bleu, aux chemins vicinaux.

Les poteaux indicateurs pourraient être placés sur les chemins vicinaux d'*intérêt commun*, qui servent à lier les communes entre elles, et qui forment par conséquent des lignes secondaires d'une certaine importance, fréquentées souvent par des personnes étrangères aux localités. Il est formé d'un poteau en bois de 2^{m}75 de hauteur, portant une plaque angulaire en fonte : chacune des faces indiquant le nom de la commune où conduit le chemin

---

(1) Un poteau en fonte coûte 75 francs et un poteau indicateur 10 francs. Aux avantages ci-dessus indiqués il faut joindre celui de durer indéfiniment, tandis qu'un poteau en bois ne dure guère plus de vingt ans.

dans le sens duquel elle est placée, et sa distance au point d'embranchement. La plaque formerait un angle droit ; elle serait adaptée au poteau avec des vis. Il serait inutile, en raison de son peu d'étendue, d'avoir égard à l'angle d'intersection des deux chemins.

Un poteau semblable, mais avec une seule face, pourrait être placé sur chaque chemin, à la limite de deux communes voisines, pour indiquer les noms de ces communes limitrophes et les distances de leurs clochers à cette limite.

Bornes kilométriques. — Ces bornes, destinées à indiquer les distances parcourues, sont, en général, faites en pierre. On commence à les établir en fonte sur plusieurs routes et chemins. Dans quelques départements, on emploie le bois de chêne dans lequel on incruste une plaque en fonte portant une inscription. La forme la plus simple, et qui remplit le mieux l'objet qu'on a en vue, est celle qui présente un parallélipipède rectangle, terminé à la partie supérieure par une partie cylindrique.

Les *fig.* 2, 3, 4, 9, 12 et 13 (Pl. III) indiquent la forme des bornes kilométriques en fonte. La face vers la route porte la désignation et le numéro de cette route, et sa distance à la ville qui est le point de départ, ou qui est la plus rapprochée du point de départ. On peut aussi y indiquer la distance à la ville où conduit la route dans le sens de la désignation, en ayant soin de mettre le nom de cette ville au-dessous du chiffre qui indique le chemin à parcourir pour y arriver.

Cette dernière indication est mise quelquefois sur la face latérale de la borne ; mais il est préférable, en pareil cas, de donner à la borne une forme prismatique présentant deux de ses faces également inclinées vers la route, et d'écrire sur chacune de ces faces les noms des villes principales situées de part et d'autre de la borne, avec les distances, comme on l'a indiqué ci-dessus.

Dans les pays où l'on ne trouve pas de pierres dures, ces bornes doivent être adoptées de préférence ; outre que leurs caractères sont plus lisibles, ils ne sont pas exposés, comme ceux de la pierre, à se dégrader par l'action du temps (si l'on a soin de les entretenir par une peinture), ni à se couvrir de mousses qui cachent promptement les caractères creusés dans la pierre.

Quant aux chemins vicinaux d'intérêt commun, et aux autres chemins moins importants, de petits dés en fonte doivent suffire comme bornes, ou bien de simples piquets en chêne portant une plaque en fonte et plantés dans le sol. Ces piquets, qu'on apercevrait facilement, auraient l'avantage de servir de repères pour fixer la distribution des matériaux, les tâches des cantonniers, celles des prestataires, etc.

En général, les ouvrages accessoires à la construction des chemins que nous venons d'indiquer, outre qu'ils sont utiles et agréables au voyageur, sont nécessaires pour la régularité du service et la police de la voirie ; ils sont surtout indispensables sur les chemins vicinaux, pour faciliter l'exécution de toutes les mesures relatives à l'emploi des prestations.

PLANCHE IV.

(Service de la navigation.)

Les *fig.* 1, 2, 3, 14, 15, 16, 17 et 18. Plaques de toutes dimensions pour le service de la navigation.

Fig. 4. Borne d'amarrage en fonte.

Fig. 5. Coupe de ladite borne.

Fig. 6, 7, 8, 9, 10, 11 et 12. Echelles de divers modèles pour le service de la navigation.

Fig. 13. Poteau indicateur pour le même service.

PLANCHE V.

(Service des ponts et chaussées.)

Cette planche se compose de plaques de toutes dimensions pour le service des ponts et chaussées et des chemins vicinaux ; elles peuvent être fixées soit sur des poteaux indicateurs en bois, soit sur les murailles où les indications sont nécessaires.

Les *fig.* 12 et 13 représentent une gargouille en fonte, destinée à l'écoulement des eaux qui doivent traverser une chaussée : l'emploi de ces gargouilles remédie avantageusement aux inconvénients des cassis que l'on y pratique actuellement dans le même objet.

PLANCHE VI.

(Service des chemins de fer.)

Les *fig.* 1, 2, 6, 7 et 8 représentent des poteaux indicateurs à l'usage des chemins de fer.

Les autres figures représentent des plaques de toutes dimensions et de toutes les formes pour le même service.

La *fig.* 18 est un jalon de cantonnier.

La *fig.* 19 est un brassard à l'usage des cantonniers.

PLANCHE VII.

(Service du génie militaire.)

Cette planche contient tout ce qui peut être nécessaire au service du génie, tels que plaques, poteaux indicateurs, bancs, barrières, etc.

PLANCHE VIII.

(Service de l'administration des eaux et forêts.)

Poteaux indicateurs et plaques de toutes espèces, pour l'administration des eaux et forêts.

PLANCHES IX et X.

(Service de l'administration municipale.)

Administration municipale. — Plaques pour le service des mairies, numérotage des maisons, indication des rues, etc. — Plaques et croix, à l'usage des particuliers, dans les cimetières.

TEINTES

CONVENTIONNELLES A ADOPTER POUR LES DIFFÉRENTES VOIES DE COMMUNICATION.

Note par M. Dumas, ancien ingénieur en chef de la Sarthe,

Faisant fonction d'agent voyer en chef de ce département,

Lorsqu'on a à placer sur une carte des voies de communication de différents ordres, il est nécessaire de les indiquer par des teintes différentes, afin qu'on puisse les distinguer au premier coup d'œil et en saisir aisément l'ensemble et les positions respectives. Mais il serait à désirer que le choix de ces teintes ne fût pas entièrement arbitraire, et s'appuyât sur quelque motif plausible, de manière à pouvoir être généralement accepté. Voici, croyons-nous, l'analogie qui pourrait servir de guide.

Il y a trois ordres principaux de voies de communication : 1° les routes nationales au compte du trésor ; 2° les routes départementales au compte des départements; 3° les chemins vicinaux au compte des communes. Il paraît tout naturel de les désigner par les trois couleurs primitives, le rouge, le bleu et le jaune, en appliquant la plus brillante aux routes nationales, et la moins apparente aux chemins.

Ceci admis, les routes stratégiques, au compte, partie du trésor, partie du département, devraient être désignées par une teinte violette intermédiaire entre le rouge et le bleu, et les chemins de grande communication, au compte partie du département, partie des communes, par une teinte verte intermédiaire entre le bleu et le jaune.

Quant aux chemins de moyenne communication qui tiennent le milieu entre ceux de grande et de petite, on les indiquerait par une teinte verte tirant sur le jaune.

On voit que toutes ces teintes conservent une analogie parfaite avec la nature des différentes voies qu'elles ont pour objet d'indiquer. Elles nous semblent donc pouvoir être généralement adoptées, et nous voudrions les voir s'étendre à toutes les autres indications nécessaires comme mesure d'ordre, telles que celles relatives aux tableaux et poteaux indicateurs, aux guidons et autres insignes des cantonniers, etc.

On rencontre dès à présent sur les routes et chemins une assez grande quantité de tableaux et poteaux indicateurs, mais avec des couleurs différentes dans chaque département. Pour les routes nationales, ici un fond bleu avec des lettres blanches ; là un fond blanc avec des lettres rouges ; pour les chemins de grande communication le rouge, le bleu, le marron, etc. Ne serait-il pas plus commode pour les voyageurs que la même teinte leur indiquât toujours la même voie de communication ? On verrait ainsi tout de suite si l'on marche sur une route nationale, départementale, ou sur un chemin, sans avoir besoin de lire la légende, qui échappe bien souvent dans la rapidité du parcours.

On donnerait aux cantonniers des routes nationales des guidons rouges, des brassards rouges, des collets rouges, peut-être des bandes rouges à leur chapeau. Les mêmes insignes seraient bleus pour les routes départementales, verts pour les chemins de grande communication, jaunes pour ceux de petite communication. Non-seulement ces désignations, qui frappent tous les yeux, sont avantageuses sous le rapport de l'ordre, mais elles attachent les cantonniers à leurs lignes, et établissent, entre ceux des lignes voisines des divers ordres, une certaine émulation qui tourne toujours au profit du service.

Le système de teintes conventionnelles que nous venons d'exposer est mis en pratique depuis plusieurs années dans le département de la Sarthe ; il nous semble simple et rationnel. Nous croyons qu'il y aurait avantage à les étendre aux autres départements. Dans tous les cas, il importe d'adopter un système uniforme quelconque, et de ne pas attendre pour cela que les divergences que nous venons de signaler aient pris une plus grande extension.

Paris, imp. de Paul Dupont.

H. BOUILLIANT & Cie. Brevetés sans garantie du Gouvernement, 50, Rue Ménilmontant. PARIS.

Ponts et Chaussées à Chemins vicinaux.

Pl. 1.

Fig. 1.

Fig. 2.

Fig. 4.

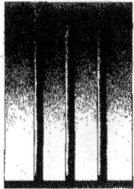

Fig. 3.

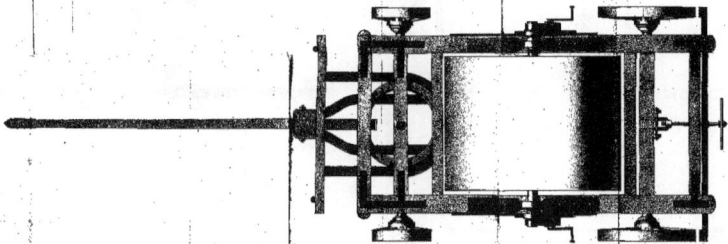

1849

Lith. F. Dupont, r. Grenelle St Honoré, 55.

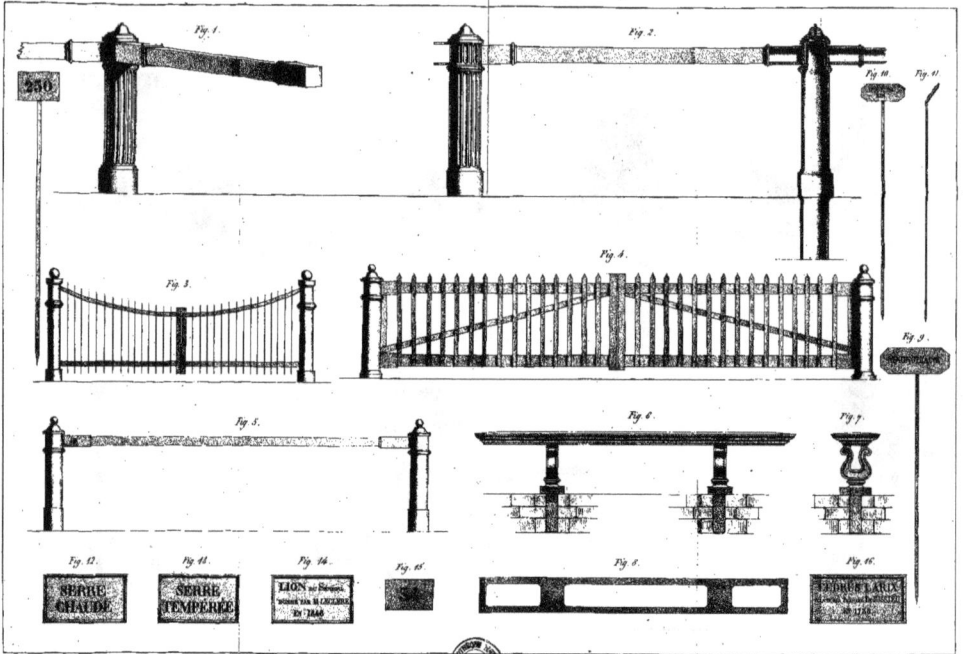

H. BOUILLIANT & Cⁱᵉ Brevetés sans garantie du Gouvernement, 50, Rue Ménilmontant. PARIS.

Ponts et Chaussées, Chemins vicinaux et Chemins de fer.

H. BOUILLIANT & Cⁱᵉ Brevetés sans garantie du Gouvernement, 30, Rue Ménilmontant, PARIS.
Ponts et Chaussées et Chemins vicinaux.

PL. 3.

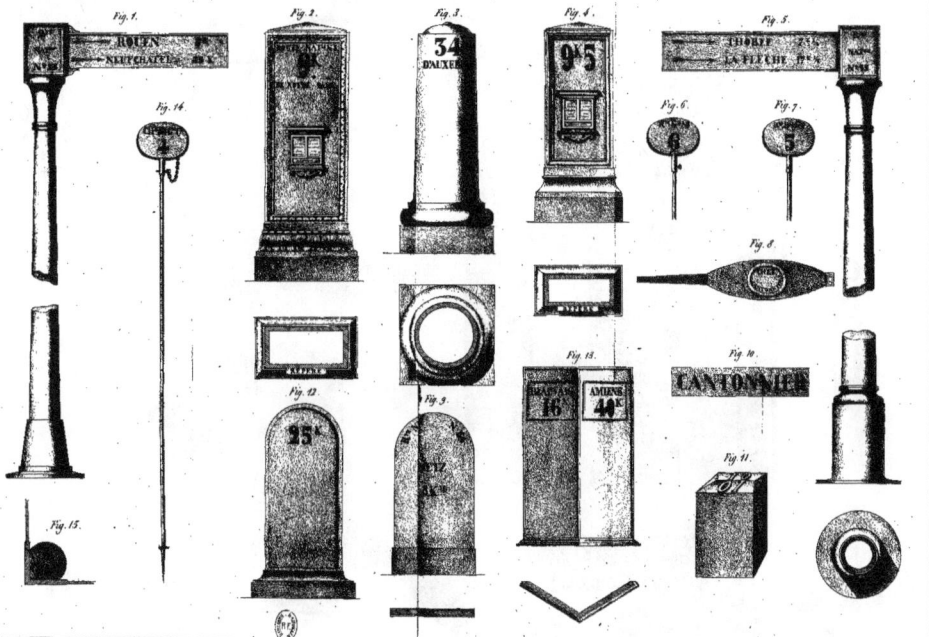

H. BOUILLIANT & Cᵢᵉ Brevetés sans garantie du Gouvernement. 50, Rue Ménilmontant. PARIS.

Ponts et Chaussées, Chemins vicinaux et Navigation.

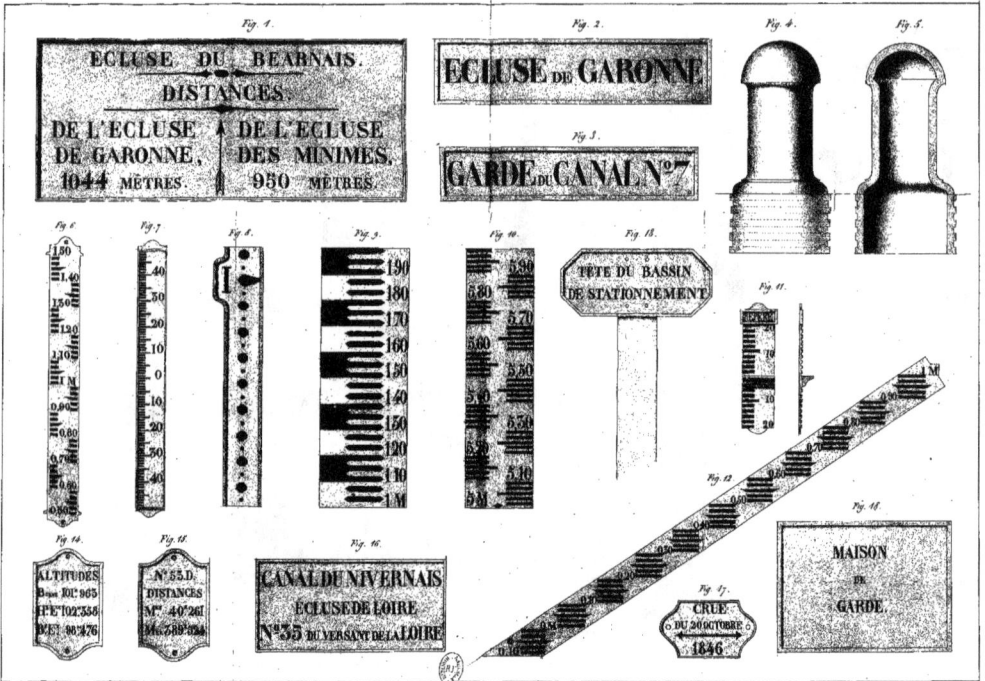

LIB. P. Dupont, Grenelle S¹ Honoré, 55.

H. BOUILLIANT & C.ie Breveté sans garantie du Gouvernement 50, Rue Ménilmontant. PARIS.

Ponts et Chaussées et Chemins vicinaux.

PL. 5.

H. BOUILLIANT & C.ie Brevetés sans garantie du Gouvernement, **50**, Rue Ménilmontant, PARIS.

Chemins de fer

Pl. 6.

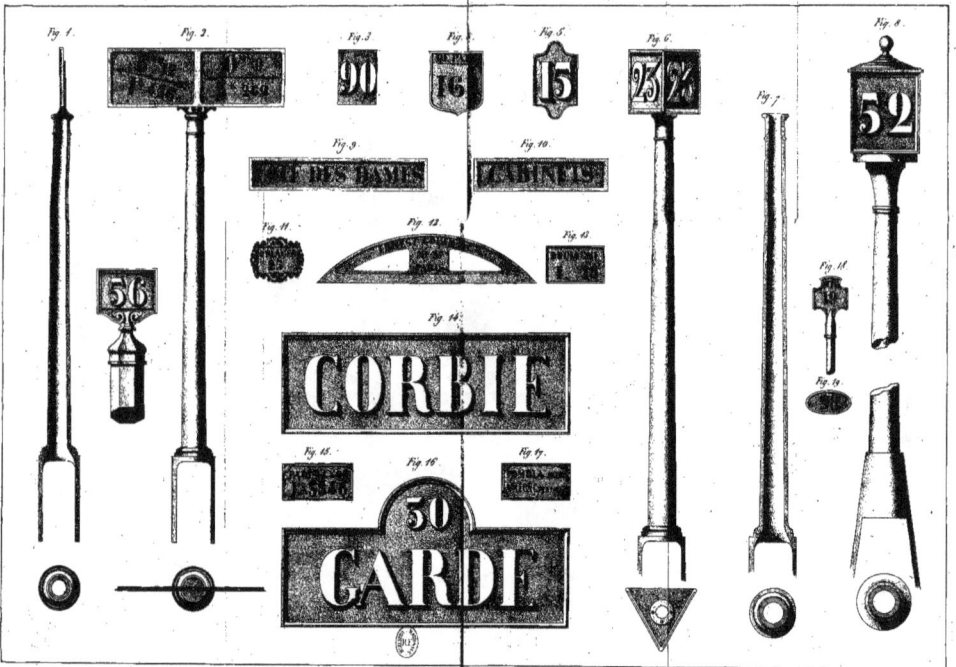

Fig. 1.

Fig. 2.

Fig. 3.

Fig. 4.

Fig. 5.

Fig. 6.

Fig. 7.

Fig. 8.

Fig. 9.

Fig. 10.

Fig. 11.

Fig. 12.

Fig. 13.

Fig. 14.

Fig. 15.

Fig. 16.

Fig. 17.

Fig. 18.

Fig. 19.

90

15

15

25½ ½

52

56

CORBIE

50

GARDE

Lith. P. Duparcq, Corneille St Honoré, 55.

H. BOUILLIANT & Cie Brevetés sans garantie du Gouvernement, 50, Rue Ménilmontant. PARIS.

Génie militaire.

Pl. 7.

Fig. 1. **CASERNE. A**

Fig. 2. **MAG.in A P.dre G**

Fig. 3. **PAVILLON. B**

Fig. 4. **PAVILLON. D**

Fig. 5. **PORTIER CONSIGNE CORPS DE GARDE**

Fig. 6. **MAG.in DU GEN.ie K ECURIE 6 CHEVAUX. MAGASIN J.**

Fig. 7. **1849**

Fig. 8. **11**

Fig. 9. **DÉFENSE DE MONTER SUR LES TALUS DES FORTIFICATIONS SOUS LES PEINES PORTÉES PAR LA LOI**

Fig. 10. **LATRINES. F**

Fig. 11. **CONCIERGE**

Fig. 12. **ECURIE 8e CHEVAUX**

Fig. 13. **ES. B**

Fig. 14. **No 7 25 LITS**

Fig. 15. **26**

Fig. 16. **ECURIE 40 CHEVAUX**

Fig. 17. **SALLE DE POLICE N**

Fig. 18. **PRISON P**

Fig. 19. **ES B**

Fig. 20. **No 5 D'OFFICIERS**

Fig. 21. **CHAMBRE No LITS**

Fig. 22. **N.o LITS**

Fig. 23. **SALLE DE POLICE DES S.s OFFICIERS**

Fig. 24. **GARDE D'ARTILLERIE**

Fig. 25. **INFIRMERIE**

Fig. 26. **CUISINE**

Fig. 27. **LATRINES**

Fig. 28. **No 125 MAGASIN GÉNÉRAL**

Fig. 31.

Fig. 29.

Fig. 30.

Fig. 32.

Fig. 33. **No GARDE DU GÉNIE**

Fig. 34.

Fig. 35. **No 212 ECOLE RÉGIMENTAIRE**

Fig. 36.

Lith. P. Dupont, Gde r. Verte 25.

H. BOUILLIANT & C.ie Brevetés sans garantie du Gouvernement, **50, Rue Ménilmontant. PARIS.**

Administration des Forests.

Pl. 8.

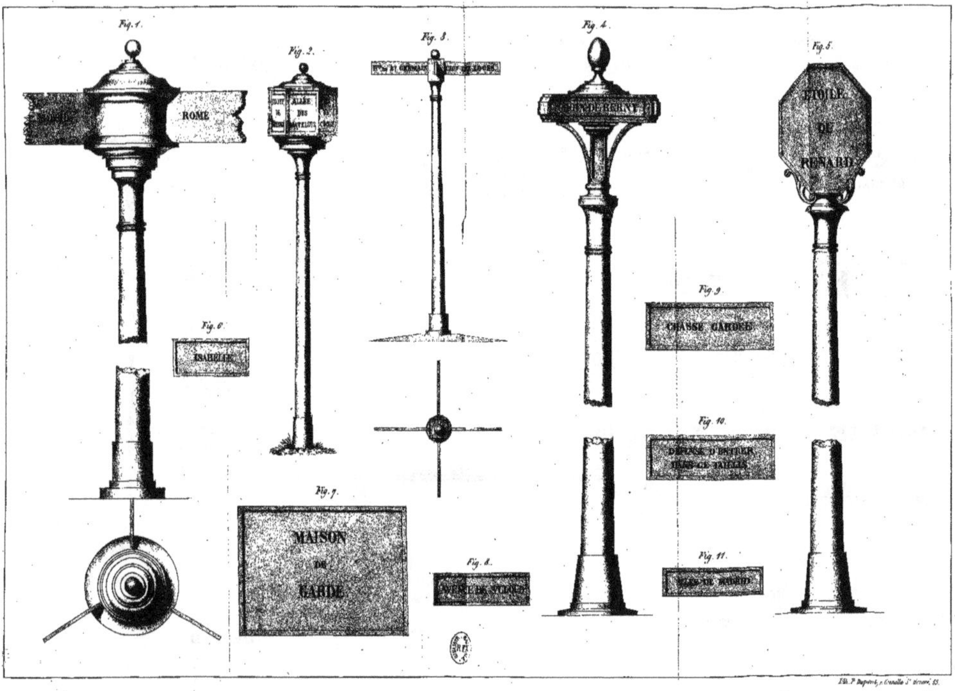

Lith. P. Dupont, r. Grenelle S.t Honoré, 55.

H. BOUILLIANT & Cie Brevetés sans garantie du Gouvernement , 30, Rue Ménilmontant . PARIS .

Administration municipale et Commerce .

Pl. 9.

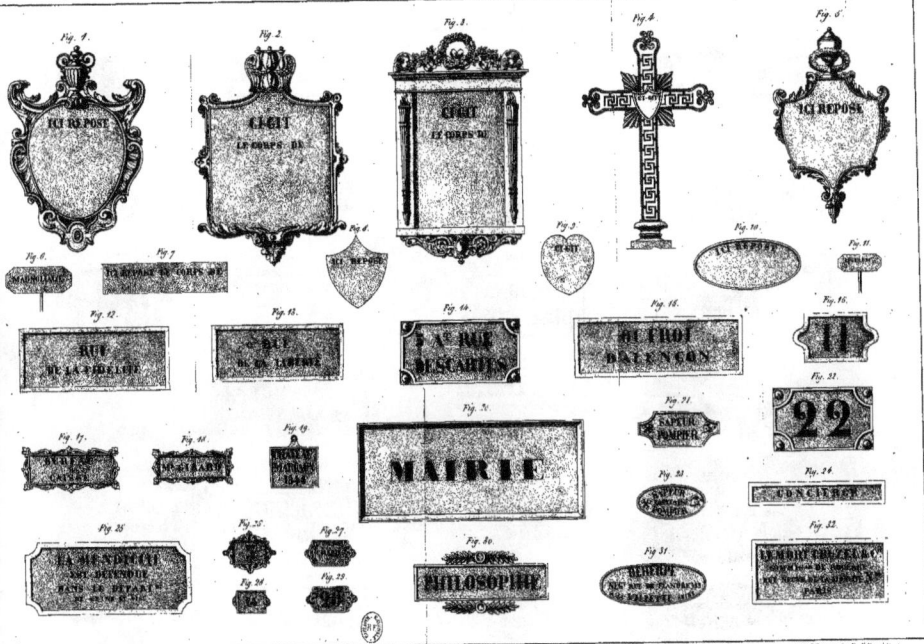

Lith. F. Dupont, r. Grenelle .St Honoré 55 .

H. BOUILLIANT & C.ⁱᵉ Brevetés sans garantie du Gouvernement, 50, Rue Ménilmontant, PARIS.

Administration Municipale et Commerce.

Pl. 10.

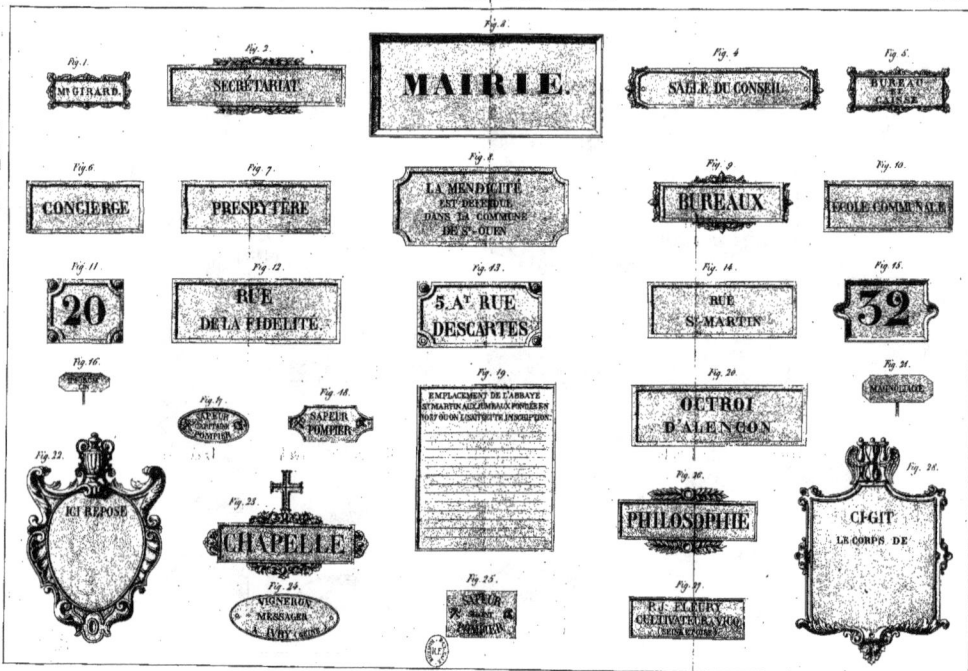

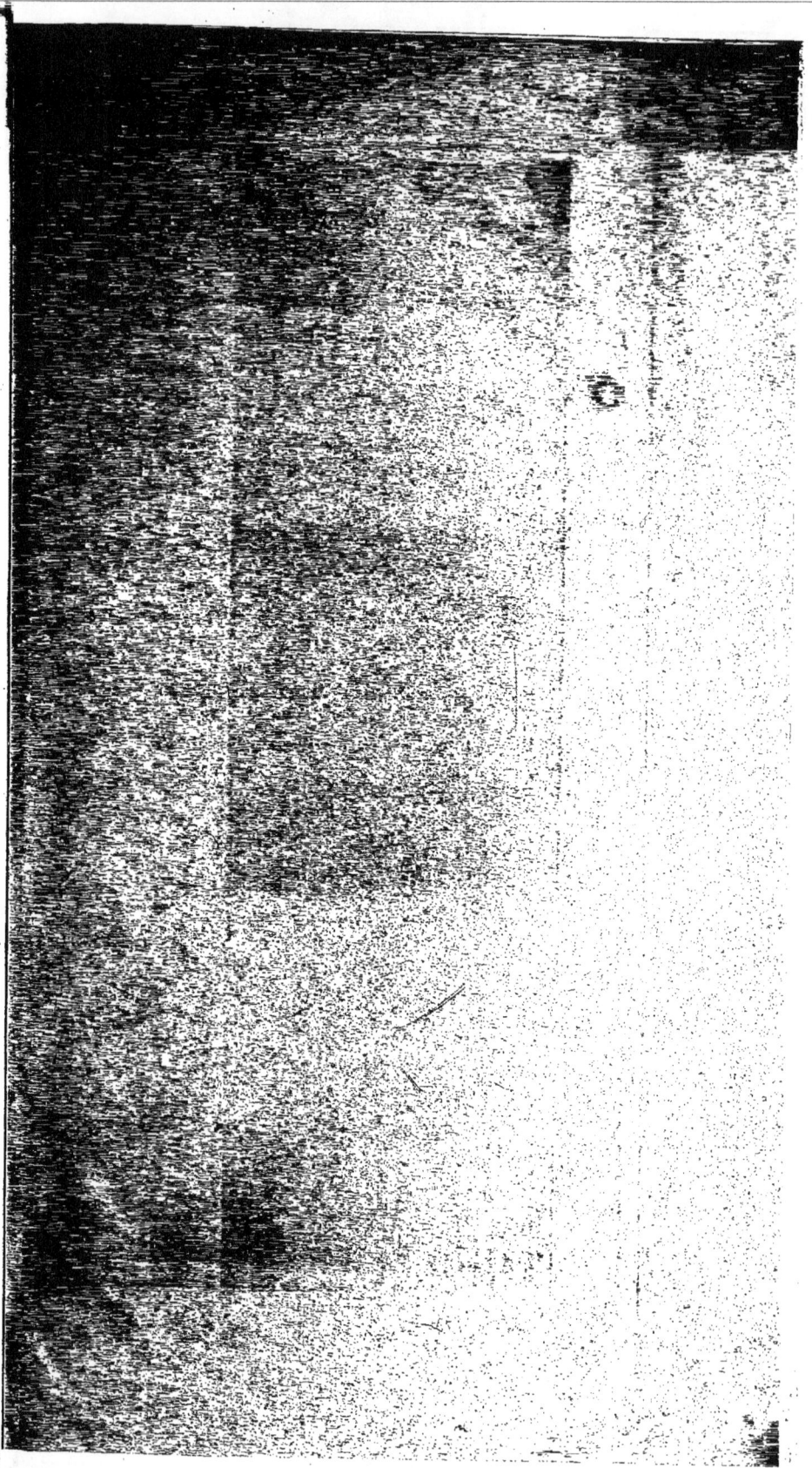

ROULEAU COMPRESSEUR PORTATIF

ET

Nouveau système d'indications de distances kilométriques.

MM. H. Bouilliant et Cⁱᵉ, fondeurs brevetés (sans garantie du gouvernement), rue Ménilmontant, n° 50, ont proposé un système d'indications de distances kilométriques et autres pour les routes nationales, départementales, chemins vicinaux, canaux, rivières, ports de mer, mines et chemins de fer, qui nous paraît être fort avantageux.

Les inscriptions, soit en plaques pour adapter aux murs, soit pour les poteaux en plaine, sont en lettres en relief coulées (fond et lettres d'un seul jet) en fonte de fer, zinc, cuivre ou tout autre métal fusible ; leur solidité et leur longue durée offrent un avantage immense.

Un grand nombre de MM. les préfets, ingénieurs en chef et ordinaires, agents voyers, ingénieurs des mines, canaux, chemins de fer, officiers du génie, etc., ont adopté ces indications et ont reconnu que, jusqu'à ce jour, rien de plus convenable n'avait été employé.

La peinture dont les lettres sont recouvertes pourrait seule se détériorer au bout d'un long temps ; mais alors un simple manœuvre pourrait avec la moindre dépense les refaire, puisqu'il n'y a que les lettres à suivre.

Ce système présente à la fois tous les avantages de la plus grande solidité, de l'élégance et de l'économie : nous ne saurions trop le recommander à MM. les préfets, ingénieurs, maires et agents voyers pour les indications d'embranchements et de distances sur les routes et les chemins vicinaux ordinaires.

Les ateliers de MM. H. Bouilliant sont toujours ouverts à toutes les personnes qui voudront leur faire l'honneur de visiter leur établissement. (*Extrait des* Annales des chemins vicinaux.)

Paris, Imprimerie administrative de Paul Dupont.

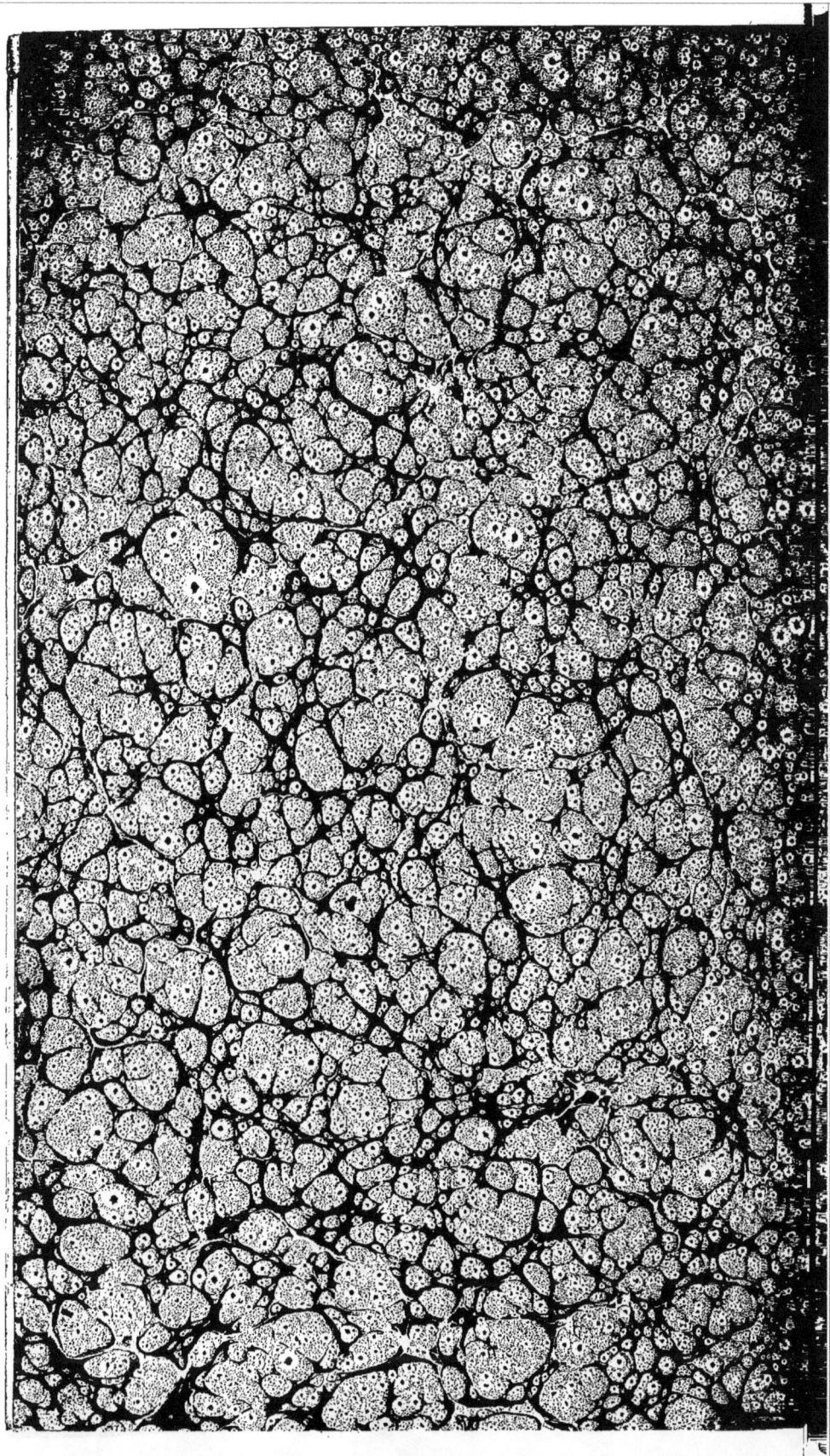

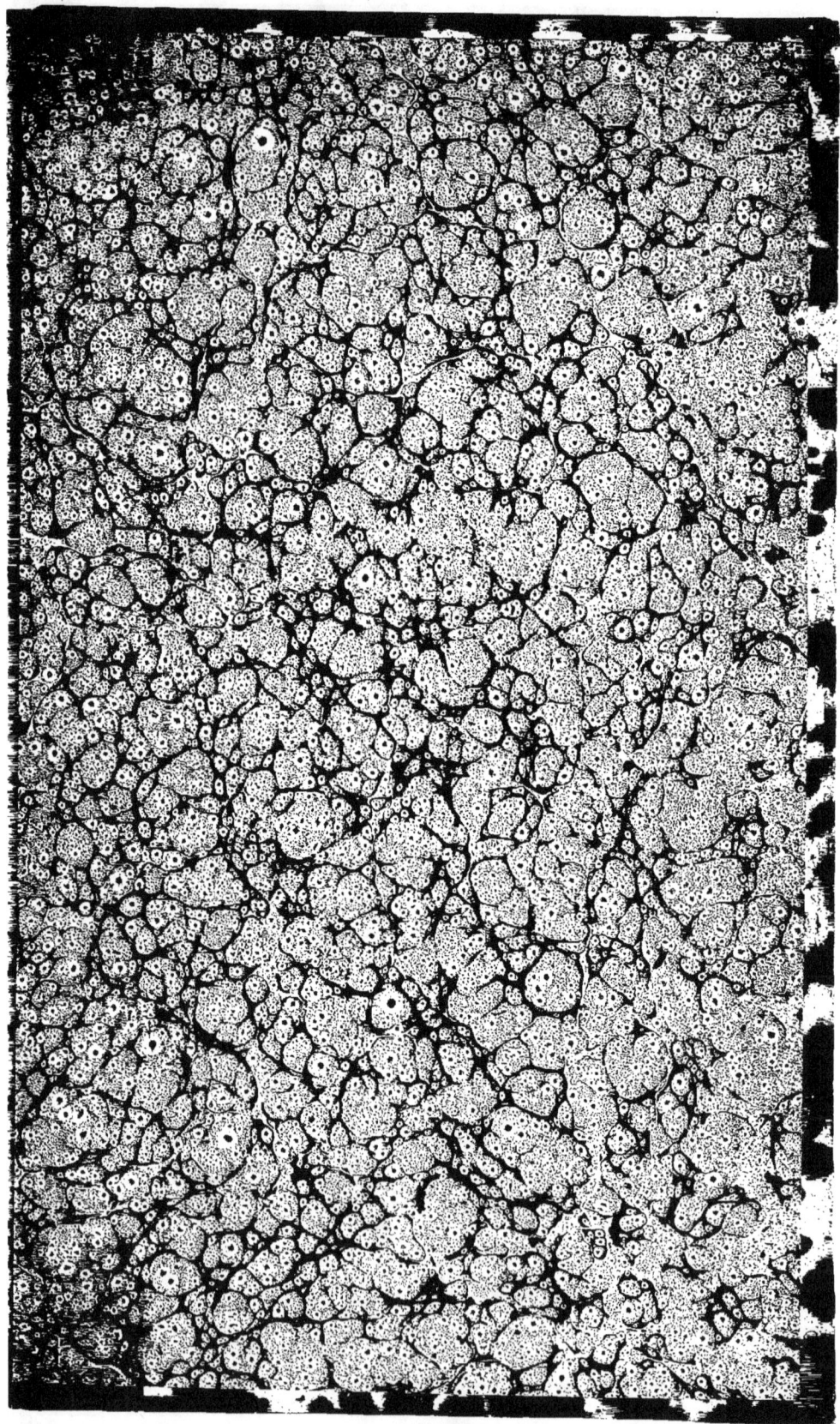

www.ingramcontent.com/pod-product-compliance
Lightning Source LLC
Chambersburg PA
CBHW060511210326
41520CB00015B/4187